SUPER KNOWLEDGE ★

超级涨知识

香港城市大学 研究员
李骁 主审

小猛犸童书

韩明 编著
马占奎 绘

绕不开的
计量单位

2

时间（一小时有多久？）

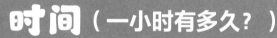

电子工业出版社·

Publishing House of Electronics Industry

北京·BEIJING

U0281606

目录

什么是时间

早在人类出现之前，时间就已经存在了。只要世界存在，时间就不会停下脚步。

那时间到底是什么呢？ 时间是人们用来记载事物运动的一种参数。

时间是从哪里来的呢？ 那就要从我们人类居住的地球说起了。时间是通过地球的自转和公转表现出来的，**地球自转一圈是一天，绕着太阳公转一圈是一年**。可以说，正是地球的运动，让人们感受到了时间的存在。

时间看不见、摸不着、闻不到、听不见，但是它就在我们周围，与我们共存。时间是连续的，不停地从一个时刻发展到另一个时刻，也就是我们日常生活中说的"先后"。

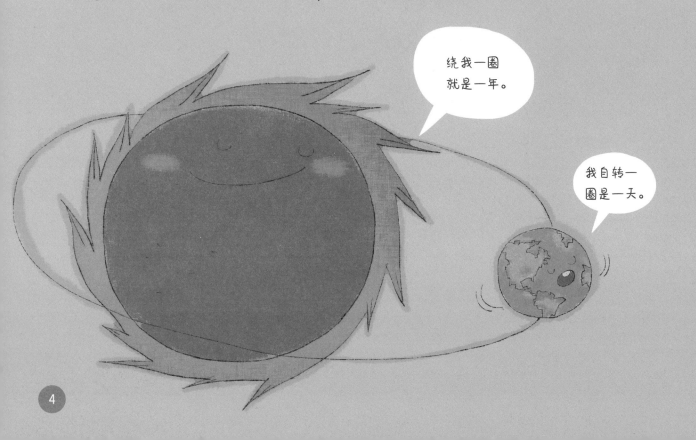

绕我一圈就是一年。

我自转一圈是一天。

以一天为例，
先刷牙，再洗脸、吃饭、背着书包上学……

以人的一生为例，
先是新生儿，再是儿童、少年、青年、老年……

以历史为例，
过去——现在——未来……

时间不停地流逝，一去不复返，"现在"会迅速地变为"过去"，"将来"又不停地变成"现在"。时间对每个人都很公平，任何人都不能让时间静止。

时间又是裁判，能够衡量胜负的裁判，赛跑时即使相差 0.1 秒，都是胜负分明。

日，月，年

　　一日，就是地球自转一圈的时间，地球自西向东转，因为地球自身不会发光，所以地球上只有对着太阳的那一面是光亮的，背着太阳的那一面则是黑暗的。地球上被阳光照到的地方是白天，无法被阳光照到的地方就是黑夜。自从人类诞生开始，就受**昼夜轮回**的支配。**一个昼夜轮回就是一天的时间。**

白天，学习吧！

黑夜，睡觉吧！

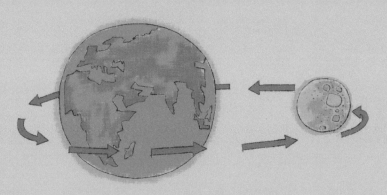

一个月，是月亮绕地球一圈的时间。一个朔望月的长度是 29 日 12 时 44 分 3 秒。由于月亮绕着地球不停地转，同时又跟着地球绕着太阳转，所以月亮对着我们照亮的一面，有时有，有时无，有时多，有时少，这就形成了月亮的圆缺循环。当我们看不到月亮的时候叫作"朔"，看到月亮的时候叫作"望"，它的周期就是一个月，所以叫朔望月。

一年，就是地球绕太阳公转一圈的时间，全长为 365 日 5 小时 48 分 46 秒，这叫回归年。如果每年按照 365 天计算，每过 4 年就多出来将近 1 天的时间，因此规定每 4 年的 2 月增加 1 天，以补上少算的时间，这一年就是闰年。为了更好地进行农业耕作，人们还把一年划分为四个季节。

圆月在中国被赋予了团圆的意义，天上有圆月时，人间也要庆祝。

所以，才有了正月十五"元宵节"，八月十五"中秋节"，而且我们还要吃圆圆的汤圆和月饼来庆祝呢！

古人通过"光阴"感知时间

在古代，人们没有度量时间的工具，时间观念是模糊的。古人想要知道时间，只能看太阳。太阳就是古人的"时钟"，太阳从东边升起，人们就知道新的一天开始了；日薄西山时，人们就结束一天的劳作——"日出而作，日落而息"。就这样，人们按照太阳的升落来安排自己的生产和生活。

日出而作
日落而息

后来，古人不仅能通过太阳的位置来识别时间，而且能通过物体阴影的位置和大小来确定大概的时刻。**早上时，物体的阴影是朝西的；傍晚时，阴影是朝东的；如果阴影是正的而且很短，说明现在正值中午。**太阳每走一步，阴影就紧随其后产生相应的变化。太阳是"光"，物体的阴影是"阴"。所以，古人就用"光""阴"来感受时间。

"一寸光阴一寸金，寸金难买寸光阴。"意思是一寸光阴和一寸长的黄金一样昂贵，而一寸长的黄金却难以买到一寸光阴，比喻时间是十分宝贵的。可见，古人早就意识到时间的重要性，甚至认为**时间是无价**的。

古人的计时工具

　　人类能够清楚地感受时间，日月交替，寒暑流转，但是感受时间，并不代表可以表示时间、测量时间，人们必须借助一定的工具来计时。

利用太阳影子计时——日晷

　　古人发现太阳照在物体上产生的黑影会因时间的推移而变化，于是利用这一现象来计时，这种最初的计时工具就是日晷。日晷由一根投射太阳阴影的标针、承受投影的投影面和晷面上的刻度线组成。当太阳照射时，标针影子落到哪个刻度上，就代表到了哪个时刻。

要是太阳下山了或者阴雨天没有阳光，那人们怎么计时呢？

水钟

漏刻计时——水钟、沙漏

我们的祖先想到了用水滴漏计时法。刻漏的种类很多，主要是用四只铜壶由上而下重叠，上边三只铜壶的底部都有小孔，这样，当最上边一只铜壶装满水后，水就通过底部的小孔逐渐流入下边的各只铜壶。在最下一只铜壶中，装有一个直立的浮标，上边有刻度。古人把一昼夜均分为一百刻，浮标随水位的升高而逐渐上升，水位到达哪一刻度，就代表该刻度表示的时间到了。有的刻漏不是用水，而是用沙子，所以也叫"沙漏"。

你记得吗？现在我们去饭店吃饭，店主就会给来宾的桌上摆一个沙漏，以此来记录上菜的时间。

我当然知道！

时间的度量单位有哪些

钟表可以表示时间，日历也可以表示时间，但是因为它们表现时间的形式不同，所使用的时间单位也不一样。

时间单位有哪些呢？往大了讲，时间单位有**世纪、年、季度、月**；往小了讲，时间的单位有**周、天、时、分、秒**。

时钟帮我们分辨时、分、秒。

日历可以清晰地反映出年、季度、月、周、天。

白天看见太阳公公晚上看见月亮先生

一个世纪指的就是连续的 100 年，人们将能**被 100 整除的年份**当作**一个世纪的开始**，例如 2000 年就是 21 世纪的开始。自从有了公历纪元，人们就开始使用这种纪年方法了。地球绕着太阳公转一周就是一年。

现在世界通用的日历里，平年有 365 天，闰年多 1 天，为 366 天。一年当中有春、夏、秋、冬 4 个季节，每个季节又包含 3 个月。一周为 7 天，周的划分有利于我们安排学习和工作，合理调整作息。一天由 24 小时组成，时、分、秒我们可以从钟表上直接看到。

随着科学技术的进步，出现了原子钟等高科技的计时仪器，因此也诞生了比秒还小的时间单位，如毫秒、微秒、纳秒和皮秒等。

1 秒 = 1000 毫秒

1 毫秒 = 1000 微秒

1 微秒 = 1000 纳秒

1 纳秒 = 1000 皮秒

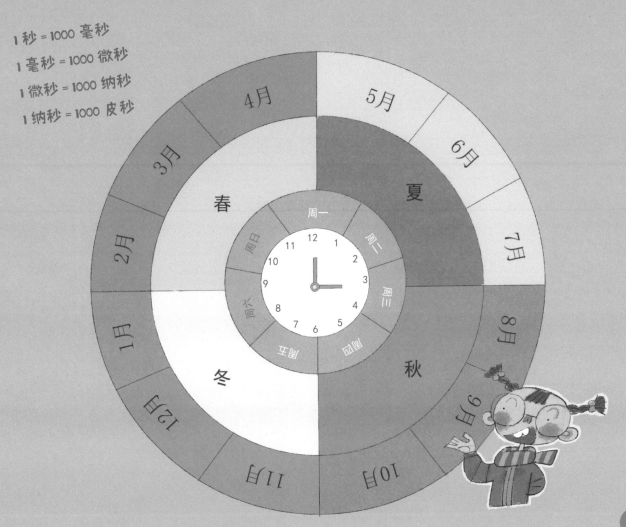

中国古代的十二时辰制

　　在中国，最早产生的时间制是**十二时辰制**。古人把一天分成十二个时辰，**每个时辰相当于我们现在的两小时。**

　　十二时辰制，西周时期就已经开始使用了。

　　汉代命名为**夜半、鸡鸣、平旦、日出、食时、隅中、日中、日昳、晡时、日入、黄昏、人定。**

　　古人还用**十二地支**来表示时间，从夜半 23 点到凌晨 1 点是**子时**，从凌晨 1 点到 3 点是**丑时**，以此类推，分别是**寅时、卯时、辰时、巳时、午时、未时、申时、酉时、戌时、亥时。**

【子时】夜半，又名子夜、中夜：十二时辰的第一个时辰。（23 时至 01 时）

【丑时】鸡鸣，又名荒鸡：十二时辰的第二个时辰。（01 时至 03 时）

【寅时】平旦，又名黎明、早晨等：是夜与日的交替之际。（03 时至 05 时）

【卯时】日出，又名日始、破晓等：指太阳冉冉初升的那段时间。（05 时至 07 时）

【辰时】食时，又名早食等：古人"朝食"之时也就是早饭时间。（07 时至 09 时）

【巳时】隅中，又名日禺等：临近中午的时候。（09 时至 11 时）

诗句"月上柳梢头,人约黄昏后"中的"黄昏"就是十二时辰制中的时辰,指19点到21点。

唐代诗人张继的诗句"姑苏城外寒山寺,夜半钟声到客船",夜半就是指23点到次日1点。

【午时】日中,又名日正、中午等:吃午饭的时候。(11时至13时)
【未时】日昳,又名日跌、日央等:太阳偏西的时候。(13时至15时)
【申时】晡时,又名日晡、夕食等:吃晚饭的时候。(15时至17时)
【酉时】日入,又名日落、日沉、傍晚:为太阳落山的时候。(17时至19时)
【戌时】黄昏,又名日夕、日暮等:此时太阳已落山,天将黑未黑。(19时至21时)
【亥时】人定,又名定昏等:此时夜色已深,人们安歇了。(21时至23时)

刻，更，鼓，点

刻: 在西周以前，古人把一昼夜，也就是一天，均分成一百刻。在漏壶箭杆上刻100格，折合成现代的计时单位，1刻等于14分24秒。**"百刻制"是我国最古老、使用时间最长的计时制。**到了清代初期，政府正式规定一日为96刻钟，一个时辰分为8刻，一刻为15分钟。至此，沿用千余年的百刻制"寿终正寝"，"一刻钟"终于由14分24秒成为今日的15分钟。

更：汉代皇宫中值班人员分为五个班次，把一夜分为五更，每更为一个时辰，按时更换，叫"五更"。每天晚上，更夫需要巡逻五次。戌时为一更，亥时为二更，子时为三更，丑时为四更，寅时为五更。

半夜三更，这个三更就是指子时，也就是现在晚上11点到次日1点。

当当当！当当当！天干物燥，小心火烛！

鼓：由于古代夜间使用击鼓报更的方式，所以又以鼓作为更的代称。"鼓角"和"钟鼓"都是古代用来打更的器具。

中国古代建城都要设置钟楼和鼓楼，一般为东钟西鼓，报时打更。

点：一更分为5点，所以一点的长度相当于现在的24分钟。

星期的来历

现在世界上最通行的纪日法，是以七天为一周的星期制度。周一到周五是工作和上学的日子，周六和周日是休息的日子。

　　传说中，古代两河流域的巴比伦人是"星期"的创立者。早在公元前2000多年，古巴比伦人便发明了"星期制"，他们修建了"七星坛"来祭祀天上的星神，七星神分别是日、月、火、水、木、金、土，一个星期的每一天分别以一个神来命名，即**星期日属太阳神、星期一属月神、星期二属火星神、星期三属水星神、星期四属木星神、星期五属金星神、星期六属土星神**。这实际上与星占和宗教祭祀活动有关。后来，这种星期制度传到了古希腊和古罗马等地，又传入欧洲其他区域。

月

火 水 木

日 金

土

古犹太人认为7是个幸运的数字，因为《圣经》中说神在第七日休息。

后来，中国受到外国的影响，也开始使用星期制，并一直延续到今天。

英语里星期天就是Sunday，Sun就是太阳的意思，Sunday指太阳神的日子。

原来如此！任小真，你懂的可真多啊！

不同的纪年法

公元纪年法： 现在最通用、最常见的纪年法，就是我们平时所说的"公历"。公元纪年法是将耶稣出生之年定为公元元年，也就是公元 1 年，以前某年称为公元前某年，此后的某年称为公元后某年。需要注意的是：虽然 0 是自然数，但并**不存在公元前 0 年或公元 0 年**。公元前 1 年之后的一年，是公元 1 年，为公元元年。

世纪纪年法： 世纪纪年法是在公元纪年法的基础上将其分段，一段表示一百年，即一个世纪 100 年。它也是以公元元年为分点，此前称为公元前某世纪，如公元前 1 世纪（公元前 99 年～公元前 1 年）、公元前 8 世纪（公元前 799 年～公元前 700 年）；此后称为公元某世纪，如公元 18 世纪（公元 1700 年～公元 1799 年）、公元 21 世纪（公元 2000 ～ 2099 年）等。

年代纪年法： 这种纪年法常与世纪纪年法连用，也就是把世纪纪年法再分成 10 段，每 10 年为一个年代，具体如下：

用世纪纪年法，就是 21 世纪 30 年代。

现在是公元 2024 年。

1940 ～ 1949 年
40 年代

1950 ～ 1959 年
50 年代

1960 ～ 1969 年
60 年代

1970 ～ 1979 年
70 年代

1980 ～ 1989 年
80 年代

1990 ～ 1999 年
90 年代

为了方便起见，人们把某个世纪的 00 ～ 19 年两个年代记为世纪初叶（初期），50 ～ 59 年的一个年代记为世纪中叶（中期），90 ～ 99 年的一个年代记为世纪末叶（末期）。如我们现在常说的 21 世纪初，指公元 2000 ～ 2019 年。

中国特有的纪年法

天干地支纪年法： 也叫干支纪年法，就是把甲、乙、丙、丁等十个干支与子、丑、寅、卯等十二个地支按顺序排列组合起来表示年份。干支纪年法以甲子为起点。

天干有十　地支十二

甲　乙　丙　丁　戊　己　庚　辛　壬　癸

子　丑　寅　卯　辰　巳　午　未　申　酉　戌　亥

甲子	乙丑	丙寅	丁卯	戊辰	己巳	庚午	辛未	壬申	癸酉
甲戌	乙亥	丙子	丁丑	戊寅	己卯	庚辰	辛巳	壬午	癸未
甲申	乙酉	丙戌	丁亥	戊子	己丑	庚寅	辛卯	壬辰	癸巳
甲午	乙未	丙申	丁酉	戊戌	己亥	庚子	辛丑	壬寅	癸卯
甲辰	乙巳	丙午	丁未	戊申	己酉	庚戌	辛亥	壬子	癸丑
甲寅	乙卯	丙辰	丁巳	戊午	己未	庚申	辛酉	壬戌	癸亥

以此类推，直到天干、地支全部用完，每 60 年会重新回到甲子，完成一次循环，所以我们称 60 年为"一个甲子"。现在我们形容一位六十多岁的老人，就称其为花甲之年。

据考证，春秋时期鲁隐公三年二月己巳（公元前 712 年二月初十），曾发生一次日食，这是中国使用干支纪日的比较确切的证据。

比如

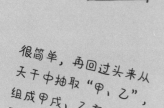

甲子、乙丑、丙寅……癸酉，那天干用完了，地支里还剩两个，怎么算呢？

很简单，再回过头来从天干中抽取"甲、乙"，组成甲戌，乙亥，表示两年。

中日甲午战争
（1894 年）

戊戌变法
（1898 年）

辛亥革命
（1911 年）

王朝纪年法： 王朝纪年法也称朝代纪年法。中国古代史实际上就是一部王朝史，它是按照历史发展顺序排列的，即夏—商—西周—东周—秦—西汉—东汉—三国、两晋、南北朝—隋—唐—五代十国、辽、宋、夏、金—元—明—清。王朝纪年法常与世纪、公元纪年法结合使用，如商朝是从约公元前 16 世纪至公元前 11 世纪；公元前 221 年，秦始皇建立秦朝；唐朝是从公元 618 年至公元 907 年。

商

秦

汉

三国

唐

清

年号纪年法： 在古代，我们每一个王朝都有众多皇帝，每位皇帝一经登基，通常就要在第二年废止前帝年号，改定一个新的，因而此时的时间就用该皇帝的年号来表示。年号纪年法从汉武帝开始，他在位 54 年，共用了 11 个年号。

如康熙元年（1662 年）郑成功收复台湾；道光二十年（1840 年）第一次鸦片战争爆发。

时间与钟表中的 60 进制

1 天是 24 小时，而不是 10 小时或 20 小时；1 小时与 1 分钟分别是 60 分钟和 60 秒，而不是 100 分和 100 秒，这是为什么呢？钟表的时针和分针都要做**圆周运动**。

4000 年前，古巴比伦人利用太阳移动引起影子变化的规律，把太阳在正南方的时刻定为正午，又把从第一天的正午到第二天的正午定义为一整天。太阳就是最古老的时钟，**人们以太阳圆周运动为依据发明了钟表。**

聪明的古巴比伦人知道，不论什么样的圆都可以分为6等份，并且明白如何使用6与6的倍数（即12和24），所以他们根据太阳的圆周运动，用圆来表示时间的流逝，并将圆分成6等份来表示时间。

随着科学不断进步，为了更准确地报时，人们又将圆分成了12等份。又经过数百年的不断演变，如今一天被分成24份，每一份就是1小时。

后来，人们还通过6进制和10进制组合在一起，形成了60进制，用以表示时间。所以1小时被分成了60分钟，1分钟被分成了60秒。

分、秒的出现

"分""秒"的概念是随着钟表的出现才产生的，钟表是一种相当精确的计时器。有了钟表计时，我们就能越来越精确地把握时间。那钟表是如何发明的呢？

水运仪象台

早在东汉时期，张衡就制造漏水转浑天仪（天文仪器），用齿轮系统把浑象和计时漏壶联结起来，漏壶滴水推动浑象匀速旋转，一天刚好转一周，这是最早出现的机械钟。

1092 年，北宋宰相苏颂主持建造了水运仪象台，这个仪器能报时打钟，结构和现代的钟表很相似。而且，每天仅有 1 秒的误差。

1350 年，意大利的丹蒂制造出第一台结构简单的机械打点塔钟。该塔钟每天有 15 ~ 30 分钟的误差，只有时针，没有分针。

后来，著名物理学家伽利略发明了重力摆。1657 年，荷兰人惠更斯把重力摆安装在机械钟上，创立了摆钟。到 19 世纪初，钟表已经达到非常高的制造水平了。

1500 ～ 1510 年，德国的亨莱思首先用钢发条代替重锤，发明了用冕状轮擒纵机构的小型机械钟。

直到今天，电池驱动钟、交流电钟、电机械表、指针式石英电子钟表、数字式石英电子钟表相继问世，**每日的误差已经小于 0.5 秒。**

1 分钟有多长

分是我们日常生活中最常用的时间单位。1 小时 =60 分，钟表上的分针走 1 小格就是 1 分，跑 1 圈就是 1 小时。

我们的生活中离不开分。一节课是 45 分，课间休息是 10 分。火车票和飞机票上会标明几时几分出发，电影票上也会标明几时几分影片正式开始。

那 1 分钟到底有多长呢?

1 分钟——你可以写 20 个字……

如果你在一年级，1 分钟能跳 140 个绳，那么你就能拿 100 分。

1 分钟——播音员大约能播 180 个字。

1 分钟——成年人的心脏能跳动 60 ～ 100 次。

1 分钟——运动员能跑将近 500 米。

1 分钟——银行的点钞机大约能点 1500 张纸钞。

闭上眼睛，听秒针嘀嗒响 60 下，1 分钟就过去了……虽然 1 分钟很短暂，感觉稍纵即逝，但是在各行各业中，1 分钟又有着神奇的力量。

1 分钟——高速火车能行驶 1890 米。

1 分钟——印刷厂能印刷 1000 多份报纸。

1 分钟——先进的采煤运输机可以运煤 21 吨以上。

特别在急救室中，1 分钟就意味着生命啊！

1 分钟——光和电磁波已经传到了 1800 万千米之外。

1 分钟看起来很短暂，可能不够做一道数学题的，但是我们将一个个 1 分钟积累起来，就能做很多很多事情。

1 秒钟有多长

秒是国际单位中时间的最基础单位。计量很短的时间，常用秒。秒是比分更小的时间单位。

1 分 =60 秒，钟表上的秒针走 1 小格就是 1 秒，跑 1 圈就是 1 分。在我们生活中也可以见到"秒"的身影，比如马路上的红绿灯、运动比赛时使用的秒表、晚会或火箭发射时的倒计时等。那 1 秒到底是多长呢？

1 秒钟——你可以翻过这页纸。

1 秒钟——你可以点一次头。

1 秒钟——你可以跺一次脚。

1 秒钟——你可以眨一次眼睛。

你知道吗，关水龙头这个动作只要1秒，如果我们做了这个动作，就能为地球节约更多的水资源，造福全人类！

1 秒钟很短很短，与 1 分钟相比更是转瞬即逝。但是，我们也不能小瞧这 1 秒，1 秒也能创造很大的价值。

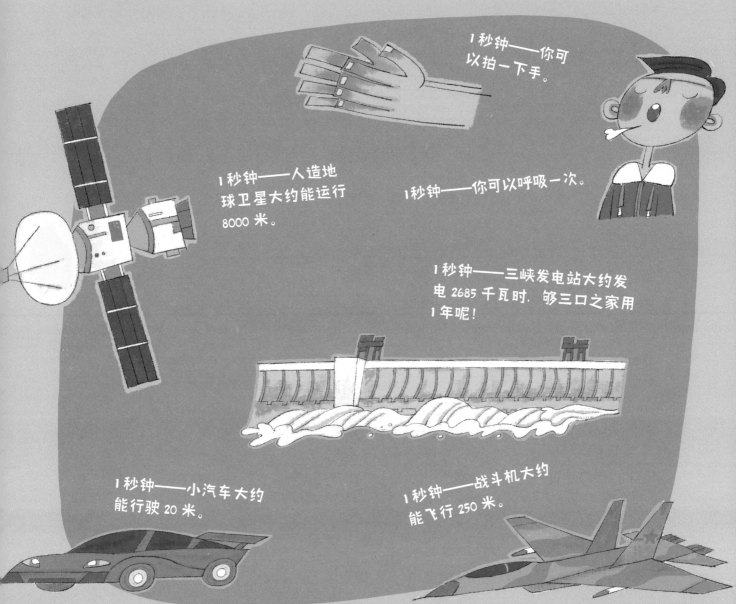

1 秒钟——你可以拍一下手。

1 秒钟——人造地球卫星大约能运行 8000 米。

1 秒钟——你可以呼吸一次。

1 秒钟——三峡发电站大约发电 2685 千瓦时，够三口之家用 1 年呢！

1 秒钟——小汽车大约能行驶 20 米。

1 秒钟——战斗机大约能飞行 250 米。

时间的标本
——化石

没有任何东西能告诉现今的人类，很久很久以前，特别是人类诞生以前，地球是什么样子的，发生了什么事情。要想解开历史之谜，科学家就只能借助于化石。

化石是指生活在古代的生物的遗体、遗迹经过长久的地质变形形成的石头。只要是保存在地壳岩石中的古代动物或古代植物的遗体、遗迹，都是化石。

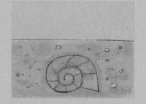
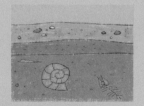

　利用现代仪器对化石进行 X 射线透视和扫描，还可以利用碳 14 测年等方法断定形成化石的动植物生活在什么时代，并在此基础上推测那个遥远的时代到底发生了什么。

　研究化石不但可以了解地球上到底存在哪些生物，了解这些生物的演化，甚至还能帮助地质学家们进行研究。主要研究组成地球的物质，探讨地球的形成和发展。

　地质学家通过化石能够推测地层形成的时间，还可以根据生物演化特征来推测当时的地理环境特征。所以，科学家们为化石起了一个别名——**时间的化石**。

地球也不会记录发生过的海啸、地震和火山爆发。

当然了，没有恐龙会书写自己的灭亡史。

什么是时区

如果你乘坐国际航班或者到大宾馆入住，就会发现候机大厅或宾馆前台挂着好几个钟表，每个钟表显示的时间都不相同。

地球是自西向东转动的，同一个地球，**位于东边的地区总比位于西边的地区先看到太阳**，所以总体来说，东边的时间比西边的早，因此东边的时刻和西边的时刻会形成一个差值。

假设你要从北京飞到华盛顿开会，如果不把时差计算在内，可是要闹大笑话的！

正因为如此，人们不得不想出一个方法来区分各个地区的时间。1884 年，国际经度会议在华盛顿召开。这次会议上，人们决定**将全球划分为 24 个时区**。规定**以本初子午线**（通过英国格林尼治天文台的经线）**为世界时区的起始线**，往东、往西各划分 12 个时区，每向东（向西）15 度加（减）1 小时。每个时区横跨 15 个经度，**两个相邻时区相差 1 小时**。

中国因为国土面积大，差不多横跨了 5 个时区，全国以北京所在的东八区的区时（即北京时间）为准，而日本位于东九区，比我们早 1 小时。

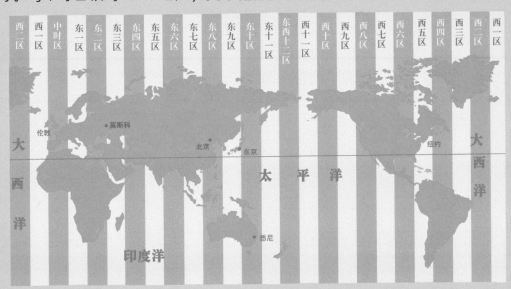

如果，你向东飞 15 个经度，就把表调快 1 小时；若向西飞 15 个经度，就把表调慢 1 小时，这样，到达目的地后，手表上的时间就和当地时间一致了。

最精准的计时工具

　　到目前为止，**世界上最精准的计时工具要数原子钟了**，原子钟是在 20 世纪 50 年代出现的，一开始是由物理学家发明出来进行物理研究的，后来这项技术被广泛用到科学研究的各个领域。

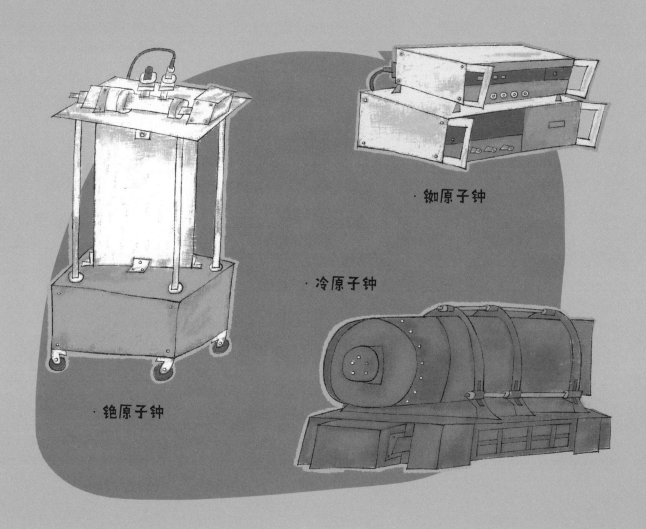

·铷原子钟

冷原子钟

·铯原子钟

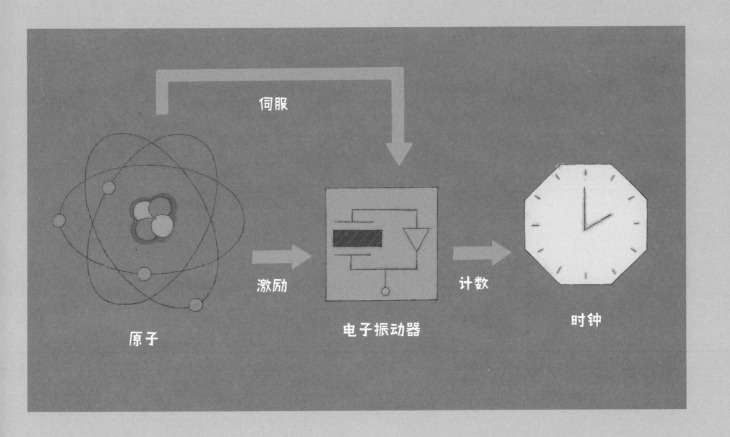

伺服

激励　原子

电子振动器

计数

时钟

　　原子钟是通过原子吸收或释放能量时发出的电磁波来计时的，原子通过不同电子之间排列顺序的能量差，吸收或释放电磁能量。这种电磁波非常稳定，保证了原子钟计时的精准性；而且，科学家们还利用一系列精密的仪器对电磁波进行控制，这样，原子钟的计时就更加准确了。

　　现在，原子钟的精确度可达2000万年的误差只有1秒。这种精准性，让原子钟为天文、航海、宇宙航行等方面提供了强有力的保障。

图书在版编目（CIP）数据

绕不开的计量单位. 2, 时间：一小时有多久？ / 韩明编著；马占奎绘. —— 北京：电子工业出版
社, 2024.1

（超级涨知识）

ISBN 978-7-121-46825-4

Ⅰ.①绕… Ⅱ.①韩…②马… Ⅲ.①计量单位－少儿读物 Ⅳ.①TB91-49

中国国家版本馆CIP数据核字（2023）第251675号

责任编辑： 季　萌

印　　刷：当纳利（广东）印务有限公司
装　　订：当纳利（广东）印务有限公司
出版发行：电子工业出版社
　　　　　北京市海淀区万寿路173信箱　邮编：100036
开　　本：889×1194　1/20　印张：24.4　字数：317.2千字
版　　次：2024年1月第1版
印　　次：2024年1月第1次印刷
定　　价：138.00元（全6册）

凡所购买电子工业出版社图书有缺损问题，请向购买书店调换。若书店售缺，请与本社发行
部联系，联系及邮购电话：（010）88254888，88258888。

质量投诉请发邮件至zlts@phei.com.cn，盗版侵权举报请发邮件至dbqq@phei.com.cn。

本书咨询联系方式：（010）88254161转1860，jimeng@phei.com.cn。